U0350894

红袋鼠物理千千问

需要多大的力：
牛顿物理 ⑦

[加拿大] 克里斯·费里 著/绘 那彬 译

中国少年儿童新闻出版总社
中国少年儿童出版社
北 京

作者简介

  克里斯·费里，80后，加拿大人。毕业于加拿大名校滑铁卢大学，取得数学物理学博士学位，研究方向为量子物理专业。读书期间，克里斯就在滑铁卢大学纳米技术研究所工作，毕业后先后在美国新墨西哥大学、澳大利亚悉尼大学和悉尼科技大学任教。至今，克里斯已经发表多篇有影响力的权威学术论文，多次代表所在学校参加国际学术会议并发表演讲，是当前越来越受人关注的量子物理学领域冉冉升起的学术新星。

  同时，克里斯还是4个孩子的父亲，也是一名非常成功的少儿科普作家。2015年12月，一张Facebook（脸书）上的照片将克里斯·费里推向全球公众的视野。照片上，Facebook（脸书）创始人扎克伯格和妻子一起给刚出生没多久的女儿阅读克里斯·费里的一本物理绘本。这张照片共收获了全球上百万的赞，几万条留言和几万次的分享。这让克里斯·费里的书以及他自己都受到了前所未有的关注。

  扎克伯格给女儿阅读的物理书，只是作者克里斯·费里的试水之作。2018年，克里斯·费里开始专门为中国小朋友做物理科普。他与中国少年儿童新闻出版总社全面合作，为中国小朋友创作一套学习物理知识的绘本——"红袋鼠物理千千问"系列。

红袋鼠说："玩滑板车的时候，我需要很大的力才能让滑板车动起来，也需要很大的力才能让它停下来。克里斯博士，是力让滑板车运动起来和停下来的吗？"

启动

克里斯博士说："是不平衡的力导致了滑板车运动状态的变化。这也是牛顿运动定律的内容。"

红袋鼠问："这次您是要教我**牛顿第二定律**了吗？"

5

　　克里斯博士说："对。牛顿第二定律与力、质量和加速度这三个物理量有关。"

红袋鼠说："这三个物理概念我都学过。力就是推或拉。"

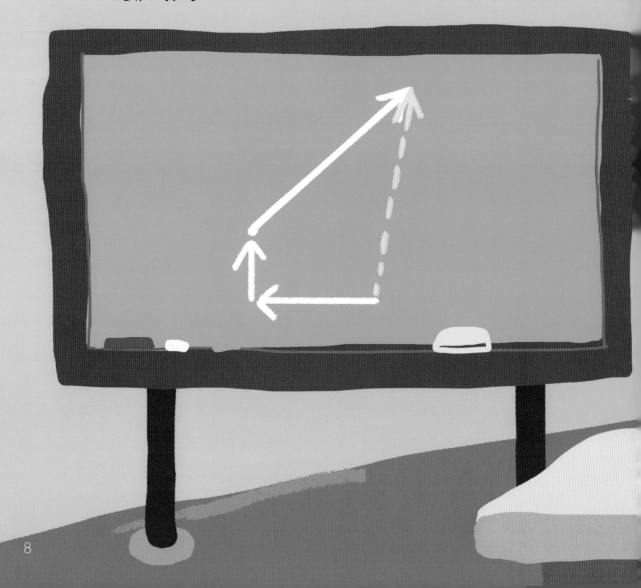

克里斯博士说："通常一个物体受到的力不止一个。各个力共同作用在一个物体上时，有的力会互相抵消。所以，要把这些力合在一起进行合成运算，得到一个合力，也就是力互相抵消后剩下的净力。"

红袋鼠说:"质量是说物体所含物质的多少。你的质量比我大,克里斯博士!"

红袋鼠继续说："加速度是运动状态的改变。我的速度大小可以改变，我的运动方向也可以改变。"

克里斯博士说：“你说得都对，而牛顿第二定律正是告诉我们力、质量和加速度是如何相关的。”

红袋鼠问：“这是一个数学等式吗？”

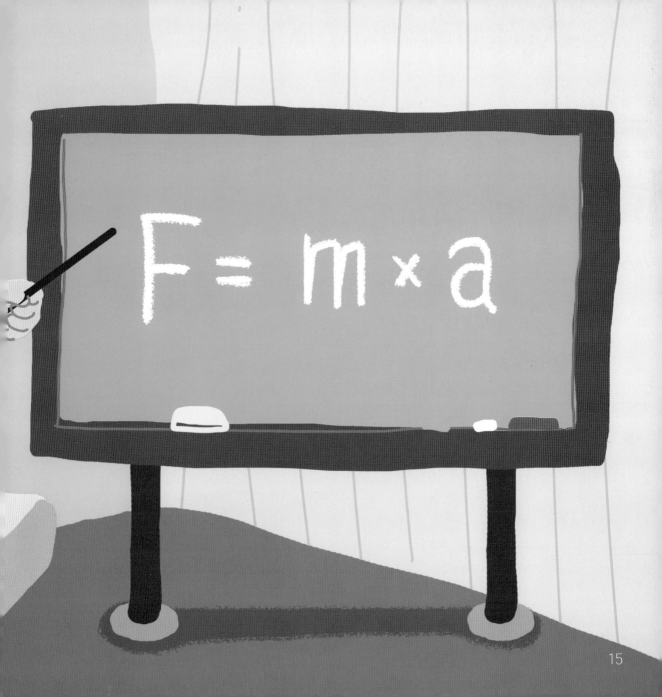

克里斯博士说："是的，牛顿第二定律是一个非常精准的数学等式。它可以表述为：**力等于质量乘以加速度。**"

$$F = m \times a$$

力　　　质量　加速度

克里斯博士接着说："这个等式就像是一个由三块拼图组成的图案。如果你知道了其中两块拼图的样子，就可以知道第三块拼图的样子。"

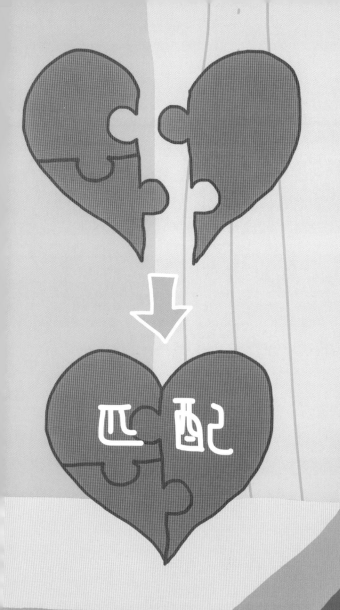

匹配

红袋鼠说："我喜欢数学！"

红袋鼠继续说："如果我知道了质量和所需要的加速度，就能算出获得这样的加速度需要多少力了。"

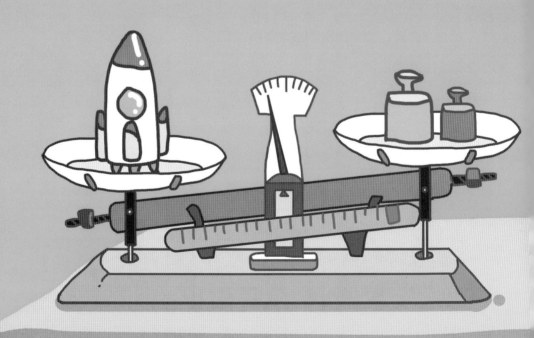

克里斯博士说："如果你知道了质量和力，还可以进一步利用数学等式算出你的球会落到哪里。"

红袋鼠说："我知道力可以改变运动状态，没想到通过牛顿第二定律，还学到了这么多知识！通过这个等式，我知道要是让我的滑板车滑得快一些，就需要一个更大的力。"

克里斯博士说："要快点儿停下来也需要更大的力！"

红袋鼠感叹地说："牛顿第二定律好强大呀！物理学和数学结合在一起真是太神奇了！"

版权合作方： 澳大利亚米酷传媒

图书在版编目（CIP）数据

牛顿物理. 7，需要多大的力 /（加）克里斯·费里
著绘 ；那彬译. — 北京 ：中国少年儿童出版社，
2019.6
　　（红袋鼠物理千千问）
　　ISBN 978-7-5148-5400-8

Ⅰ．①牛… Ⅱ．①克… ②那… Ⅲ．①物理学－儿童
读物 Ⅳ．①04-49

中国版本图书馆CIP数据核字 (2019) 第065085号

审读专家：高淑梅 江南大学理学院教授，中心实验室主任

HONGDAISHU WULI QIANQIANWEN
XUYAO DUO DA DE LI：NIUDUN WULI 7

出 版 发 行： 中国少年儿童新闻出版总社
中国少年儿童出版社

出 版 人：孙 柱
执行出版人：张晓楠

策　　　划：张　楠	审　　　读：林　栋　聂　冰
责任编辑：徐懿如　郭晓博	封面设计：马　欣
美术编辑：马　欣	美术助理：杨　璇
责任印务：刘　潋	责任校对：颜　轩

社　　址：北京市朝阳区建国门外大街丙12号	邮政编码：100022
总 编 室：010-57526071	传　　真：010-57526075
客 服 部：010-57526258	
网　　址：www.ccppg.cn	电子邮箱：zbs@ccppg.com.cn

印　　刷：北京利丰雅高长城印刷有限公司

开本：787mm×1092mm　1/20	印张：2
2019年6月北京第1版	2019年6月北京第1次印刷
字数：25千字	印数：10000册
ISBN 978-7-5148-5400-8	定价：25.00元

图书若有印装问题，请随时向本社印务部（010-57526183）退换。